Drawing Gallery of Five-Star Living Room Design · Romantic Mix and Match Style

五星级客厅设计图库

李玉亭 编

浪漫混搭

U0249593

华中科技大学出版社
http://www.hustp.com
中国·武汉

图书在版编目(CIP)数据

五星级客厅设计图库．浪漫混搭 / 李玉亭 编．－武汉 ：华中科技大学出版社，2013.1
ISBN 978-7-5609-8355-4

Ⅰ．①五… Ⅱ．①李… Ⅲ．①客厅－室内装饰设计－图集 Ⅳ．①TU241-64

中国版本图书馆CIP数据核字(2012)第205119号

五星级客厅设计图库 浪漫混搭

李玉亭 编

出版发行：华中科技大学出版社（中国·武汉）
地　　　址：武汉市武昌珞喻路1037号（邮编：430074）
出 版 人：阮海洪

责任编辑：曾　晟　　　　　　　　　　　　　　　　责任监印：秦　英
责任校对：茅昌兰　　　　　　　　　　　　　　　　美术编辑：王亚平

印　　　刷：北京佳信达欣艺术印刷有限公司
开　　　本：965 mm×1270 mm　1/16
印　　　张：6
字　　　数：48千字
版　　　次：2013年1月第1版　第1次印刷
定　　　价：29.80元

投稿热线：(010)64155588-8000　hzjztg@163.com
本书若有印装质量问题，请向出版社营销中心调换
全国免费服务热线：400-6679-118　竭诚为您服务

Contents 目录

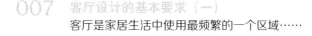

✳ 小贴士
TIPS 客厅设计的基本要求（一）

客厅是家居生活中使用最频繁的一个区域，因此客厅空间是家居装修中最重要的地方之一。一般来说，有以下几个基本的要求。

1. 风格的普及化　客厅的设计不要过分的特立独行，要使每一个家庭成员都能够接受。这种装修定位并非指装修的平凡且没有特色，而是指设计风格是大家都能欣赏的。

✳ 小贴士
TIPS **客厅设计的基本要求（二）**

2. 空间的宽敞化　不管是面积较大的客厅还是面积较小的客厅，给居住者带来宽敞的感觉是一件非常重要的事。在设计的过程中要十分注意这一点，宽敞的感觉可以带来轻松的心境。

3. 照明的最亮化　不管是自然采光或人工采光，都应该保证客厅光线的充足。充足的光线能够使得空间显得更加宽敞、大气，也能够使得在这个公共空间中活动的人保持愉悦的心情。

4. 空间的最高化　客厅是家居空间中最重要的公共活动空间，不管做不做人工吊顶，都必须确保空间的高度。这个高度是指客厅应是家居空间中净高最大者（楼梯间除外）。这种最高化可以通过使用各种视错觉的处理手法来打造。

✳ 小贴士
TIPS 客厅设计的基本要求（三）

5. 材质的通用化 在客厅装修中，必须确保所采用的装修材质，尤其要确保地面材质能适用于绝大部分或者全部家庭成员。比如，在客厅装修中，如果采用较为光滑的地砖，就有可能给老人或者小孩造成不便。

6. 视觉的最佳化 在家居空间的设计中，必须确保从每一个角度所看到的客厅都具有美感，这也包括从沙发处向外看时，所看到的风景的最佳化。客厅应是整个居室装修中最有个性的空间。

✳ 小贴士
TIPS **客厅设计的基本要求（四）**

7. 交通的最优化 　客厅的布局应是最为顺畅的，无论是侧边通过式的客厅还是中间横穿式的客厅，都应确保人进入客厅或通过客厅时的顺畅。当然，这种确保是在条件允许的情况下形成的。

8. 家具的适用化 　客厅使用的家具，应考虑家庭活动的方便性和成员的适用性。这里最主要的考虑是老人和小孩的使用问题，有时候我们要为他们使用的方便而作出一些让步。

✳ 小贴士
TIPS 客厅沙发的选购要求

选购沙发的时候，应分三步走：首先，要考虑到坐感。坐在坐感舒适的沙发中，会令人放松从而毫无拘束感，容易拉近空间中人与人之间的距离；其次，要考虑沙发的规格，根据客厅的大小来选购沙发。去家具市场时，最好能带上室内平面图，或是自画一张简单的客厅平面图，标明客厅空间的尺寸，还要标明门的位置和需要注意的地方，以供参考；再次，沙发的颜色应与客厅的地板相搭配。一般来讲，如果铺装的是深色调的地板，则应该选购浅色系的沙发，如果铺装的是浅色调的地板，则可以选购中性色或是深色系的沙发。

✳ 小贴士
TIPS 客厅沙发面料的选择

现在沙发使用的蒙面材料，除有斜、平纹及绒毛面的各种棉、麻、绦、毛、化纤织物外，还有人造革和各种薄皮革等，这些沙发面料能满足人们的各种喜好。蒙面材料的色彩要根据家具的色调进行搭配。若蒙面材料上有图案，应保持表面图案的完整，并左右对称、上下协调，线条接缝要对齐，颜色应基本一致，无明显色差。若蒙面材料使用的是真皮或人造革，还要注意表面是否有刀片伤痕或戳伤痕等，也不能有人为的或加工制造时留下的折痕。用手抚摸时，应感到柔软滑爽，用干布或湿布擦拭时不应有掉色现象。

✳ 小贴士
TIPS 客厅沙发的搭配

沙发的选择与客厅的气氛、品位、格调的关系极为密切，作为客厅内最为抢眼的家具，应与顶棚、墙壁、地面、门窗的颜色以及风格相统一，以获得协调的效果。碎花、线条、方格、素色、深色等花纹和颜色都各有特点，如果是宽敞明亮的大客厅，亮丽的大花、大红、大绿、方格等都十分适用，只要注意与其他的家具在色调、风格上统一就好；如果客厅墙面刷上了有色漆，那么沙发就不适合用艳丽的颜色，选择素色面料会更雅致一些；喜欢让客厅具有古典氛围的话，挑选颜色较深的单色沙发或者条纹沙发最适合；如果是白墙，选择深色沙发会使室内显得素雅宁静、大方舒适；如果门窗都是白颜色的，典雅大方、花形比较繁复的布艺沙发会比较适合。

✳ 小贴士
TIPS 客厅装修中色彩搭配的方法（一）

居室设计中，色彩的搭配是一门学问，犹如人们穿衣打扮一样。对居室整体装修氛围的营造起着非常重要的作用。所以，要想打造一个完美的客厅，色彩的的搭配不容忽视。

1. 根据朝向选择客厅的色调 白天时，客厅的色调应该明亮而舒适，如果客厅采光良好，其色调应采用较淡雅或偏冷一些的色调。朝南的居室有充足的光照，可采用偏冷的色调，比如使用绿色或蓝色，会给人以新鲜、明亮的感觉；若客厅是朝北，则可以用偏暖的色调，比如淡黄、乳黄、桃红或粉红。客厅的整体色调主要是通过地面、墙面、顶面来体现的，而装饰品、家具等可以起到调剂、补充的作用。

※ 小贴士
TIPS **客厅装修中色彩搭配的方法（二）**

2. 室内的颜色要尽量统一　如果客厅面积不大且采用壁纸装饰墙面时，壁纸图案的选择就必须小心谨慎。大块花色的图案适合用在宽阔的墙面上，如果是太精细的花纹，就会显得分外繁杂。图案的大小比较适中，则整体效果就不错。大客厅的面积比较大，还要运用陈设品、装饰品等在体量、数量、色彩、图案、质感上的统一与变化来分隔空间，营造整体环境。

总之，在色彩以及图案的选择上，要做到舒适、热情、亲切、丰富，使人有温馨、祥和的感觉。

✳ 小贴士
TIPS 客厅界面的处理方法（一）

客厅必须在某种程度上体现主人的个性，好的设计除了顾及使用功能之外，还要考虑使用者的生活习惯、审美观和文化素养。在使用方面，客厅的使用频率较高，墙壁和顶棚必须耐看、耐用。除了视觉效果外，触觉效果亦不容忽视，墙面采用不同的材料会表现出截然不同的质感，给人的感受亦有所差别。

1. 地面

地面通常是最先引人注意的部分，其色彩、质地和图案能直接影响室内的观感。此外，地面对家具还起着衬托的作用。由于客厅中人员走动较多，客厅的地面装修取材应易清洁，一般采用陶瓷地砖、进口实木地板或复合木地板。为减少热传导，提高舒适感，常在座椅和沙发区局部铺设地毯，这也增加了装饰效果。

✳ 小贴士
TIPS 客厅界面的处理方法（二）

2. 墙面

客厅墙面常使用优质的内墙涂料、壁纸或局部做木装修，根据造型风格的需要，也可以将局部的墙面做成仿古砖或原木等较为粗犷的质感面层。

3. 顶棚

客厅顶棚常用的装修形式有吊顶和原底修饰两种，其中吊顶又分吊平顶、吊二级顶、吊三级顶等多种形式。吊顶的目的，一是为了收到装饰效果，二是为了盖住顶棚上的多种管线。原底修饰是在原有基础上直接刮腻子做表面装饰。顶棚与地面是形成空间的两个水平面，顶棚在人的上方，对空间的影响要比地面显著，因此顶棚处理对整体空间起决定性作用。

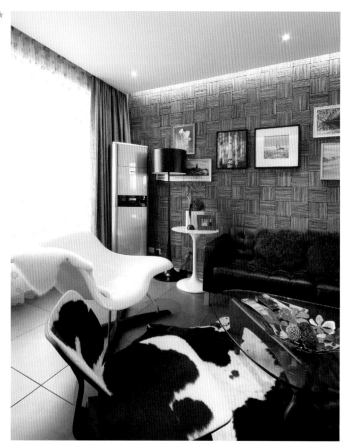

✳ 小贴士
TIPS 如何鉴别大理石的质量（一）

大理石是一种高档的装饰材料，选购时必须慎重，以免浪费金钱。鉴别大理石的外观质量可从下面几项入手。

1. 检查表面有无缺陷　在光线充足的条件下，将石材平放在地面上，站在距离大理石石材1m处的距离观察，看不见缺陷的可认为没有缺陷。站在距石材1.5m处明显可见缺陷的可以认为有缺陷。具体的要观察一下石材表面上有无裂纹、砂眼、异色斑点、污点及凹陷现象存在。若以上的几种缺陷都没有，同时石材正面没有缺棱掉角的现象，则石材为优等品。如果以上各项缺陷不明显，同时也没有明显的缺棱掉角，那么可以认定这块石材为一级品。如果有几项缺陷但不影响使用，并且石材正面只有1处长度不大于8mm，宽度不大于3mm缺棱，或长、宽度都不大于3mm的掉角，则可判断该石材为合格品。石材在运输、装卸过程中被碰坏的（棱角缺陷、表面的坑洼或麻点），可以进行黏结或修补。但是黏结、修补后正面不允许有明显痕迹，颜色要与正面花色接近。

※ 小贴士
TIPS 如何鉴别大理石的质量（二）

2. 判定花纹色调 在光线充足的条件下，将已选好的石材和同一批其他要选购的大理石石材同时平放在地上，站在距离它们1.5m远的地方目测。要求同一批大理石石材的花纹色调应基本协调。

3. 查看标记 大理石石材的标记顺序为：命名、分类、规格尺寸、等级、标准。大理石石材命名顺序为：产地地名、花纹色调特征名称、大理石（代号为M）。大理石石材分为两大类：普型石材（代号为N），为正方形或长方形石材；异型石材（代号为S），为其他形状的石材。大理石石材有三个等级：优等品（代号为A）、一等品（代号为B）和合格品（代号为C）。等级划分依据是石材的规格尺寸允许偏差、平面度允许极限公差、角度允许极限公差、外观质量和镜面光泽度。

※ 小贴士
TIPS 地毯铺设的几个误区（一）

误区1：忽略安全性，美观最重要

人们在购买地毯时，往往注重于地毯表面的美观，而忽略了地毯的安全性。其实某些纯毛地毯容易滋生螨虫等寄生虫，增加儿童患呼吸道疾病的几率，而化纤地毯则会引起一些儿童的过敏反应。所以在购买时一定要挑选质量有保障的商品，在购买后一定要做好地毯定期的清洁和保养工作，将可能发生的危险杜绝掉。

✳ 小贴士
TIPS 地毯铺设的几个误区（二）

误区2：只有绒面才显档次

表面上有绒面的地毯看上去比较美观且高雅，所以很多消费者都觉得铺设绒面地毯才显得有档次，才能使自己的家居环境显得高贵典雅。但忽略了不是所有地方都适合铺设绒面地毯，在经常被人踩踏的地方铺设绒面地毯，时间久了就会变得脏乱而又难以清洗。

✳ 小贴士
TIPS 地毯铺设的几个误区（三）

误区3：空间铺满地毯

一般人都认为地毯铺满整个地面空间会显得更加有品位，使用起来才更舒服，而且可以更好地为家居空间增添高贵典雅的气质。其实，满铺地毯也要视整个空间的面积、规格和档次而定。一般家庭的装修中，我们应该根据使用的地点选用大小合适的地毯，不能认为满铺地毯就解决一切问题了。一般来说，在不长于2.7m的沙发下面，建议使用1.7mX2.4m的地毯；假如是更大的家具，一张2mX3m的地毯已绰绰有余。茶几大小也应该纳入考量范围，确保地毯、沙发和茶几间保持标准的比例。而铺放在餐厅的地毯能平铺到餐桌的椅子拉开时的位置就可以了。

✳ 小贴士
TIPS 地毯铺设的几个误区（四）

误区4：将地毯铺设在地暖上

人们为了舒适，一般喜欢在地暖上面铺一层地毯，但不曾考虑到，不是所有地毯都适合铺在地暖上面的。有些地毯铺在地暖上会吸收空间里的水分，从而使空间更加干燥，这不利于人的健康，也会阻碍地暖的传热。如果想铺设地毯，不要大面积地铺设，面积最好不要大于$2m^2$。地毯的厚度过大会阻碍地暖的热气上升，所以不能铺太厚的地毯。

✳ 小贴士
TIPS **地毯铺设的几个误区（五）**

误区5：茶几下必须铺地毯

茶几下铺一块厚厚的地毯，既时尚又美观，双脚放在上面也非常舒服，所以人们觉得茶几下是必须铺地毯的。但是茶几下铺地毯有不少隐患。很多人习惯在茶几旁吃东西，一旦饼干渣、果汁等落在上面，就会隐匿在纤维之中，清洁不彻底时容易腐烂变质，滋生螨虫和细菌。如果脚接触到不干净的地毯，还会引起真菌感染。所以，茶几下面要避免铺设多毛而又难清洗的地毯，要经常保持地毯的清洁，尽量不让食物残渣掉落在上面。

误区6：儿童房必须铺地毯

儿童房地面尽量不要铺地毯，因为地毯里面含有一定的有害物质，国家虽然有限量标准，但还是会对儿童健康造成伤害。另外，地毯里面还容易积存各种细菌，因此，尽量不要在儿童房满铺地毯。在儿童房我们可以铺设较为柔软的软木地板，这样既可以降低孩子的摔伤程度，又能让孩子的健康不受到有害物质的伤害，可谓一举两得。

✳ 小贴士
TIPS 地毯铺设的几个误区（六）

误区7：阳光照射晒干地毯

人们常常会将洗过的地毯放到太阳底下照射，甚至为了杀菌，放到阳光下暴晒。但是要知道长期暴晒会使地毯失去原来的柔软性及其色泽度。放在太阳底下晒地毯，以1~2h为宜。其实，地毯最好放置于通风处自然风干，以减小对地毯的伤害。这样做地毯用起来才会又干净又舒适耐用。

误区8：使用强力漂白水清洁

强力的漂白水无疑可以充分地清洁地毯上所遗留的污迹，但是地毯与强力漂白水接触后，可能会产生化学污渍或出现褪色现象，更严重的是可能会导致地毯出现腐蚀的情况。因此，即使在迫不得已的情况下要用强力漂白水清洗地毯的污迹，也应尽可能用水稀释后再使用。

✳ 小贴士
TIPS 小户型装修中节省空间的方法（一）

为使有限的空间得到最有效的规划和充分利用，进行装修时，除了考虑设计上美观大方的要素外，花心思为家居设计一些实用的置物空间显得同样重要。

餐厅中的迷你吧台成储物柜

如果餐厅空间不大，可在转角处或者墙边设计一个迷你吧台，可以在此调配饮料，或者清洗杯盘、蔬菜、水果。吧台的下层可以做成一个中型的储物柜，无论是美酒、书籍还是其他收藏品，都可以摆放妥当。此外，在餐厅靠墙处设计落地餐具柜，除了改善用餐气氛、收纳餐具之外，也能够弥补厨房空间的不足。

✳ 小贴士
TIPS 小户型装修中节省空间的方法（二）

卫浴间可加装隔板

卫浴间的壁柜，除了收纳各式化妆用品及护肤用品外，还应设置可摆放干净的毛巾、浴巾和干净衣裤等物品的空间。可以在墙壁上多安装几个小隔板，许多建材超市都有不同规格大小的隔板供选购，安装使用也很简单。至于盥洗用具、牙膏和香皂等就可放在台面或隔板上，既方便使用，也节省空间。

✱ 小贴士
TIPS 小户型装修中节省空间的方法（三）

客厅收纳小物品宜用组合柜

客厅除了电视、音响、家电等大件物品外，还有不少日常用的小物品，例如书籍、报刊、CD等。这些小物品既要随手可取，还要考虑摆放整齐。可以选用市面上流行的一款DIY组合柜进行收纳，它可以根据所放置物品的多少和种类来调节柜子的高度和宽度，满足摆放的要求。除此而外，现在不少家具都有配套的零件，例如为沙发床设计的带有袋子的沙发套，以及为茶几设计的挂钩等。在为家居选购家具时，可以考虑配件带来的实用性，增加的几个小零件也许能够为家居提供更多的置物空间。

✳ 小贴士
TIPS 小户型装修中节省空间的方法（四）

卧室中的入墙衣柜省空间

在小户型的卧室设计中，入墙衣柜成为卧室装修的首选。入墙衣柜能够节省卧室空间，里面一般分成大小不一的格子，供使用者分门别类摆放不同类别的服饰。儿童房的衣柜可设计成上、下两格，因为儿童的衣物较短，不需要太多空间。衣柜的下方可摆放几个收纳盒，将袜子、套头衫、玩具、书籍等都收纳到衣橱内，使儿童房显得较宽敞、干净。

✳ 小贴士
TIPS 如何避免室内装修污染的问题（一）

防止室内空气污染应从一开始做起，即在设计、工艺、材料几个方面加强防范。在装修时，应尽量选用环保的无毒或少毒材料，并且请正规的家装公司按环保要求施工。购买家具时，要选择有信誉保证的正规厂家生产的产品。在室内施工过程中，可以通过控制材料选择、工程地点选择和验收等各个环节减轻环境污染。

材料选择

在材料选择上，住宅装饰装修应采用A类天然石材，不得采用C类天然石材。应采用E1级人造木板，不得采用E3级人造木板。内墙涂料严禁使用聚乙烯醇水玻璃内墙涂料（106内墙涂料）、聚乙烯醇缩甲醛内墙涂料（107、803内墙涂料）。粘贴壁纸严禁使用聚乙烯醇缩甲醛胶黏剂（107胶）。对木地板及其他木质材料，严禁采用沥青类防腐、防潮处理剂处理，阻燃剂不得含有可挥发氨气成分。粘贴塑料地板时，不宜采用溶剂型胶黏剂。脲醛泡沫塑料不宜作为保温、隔热、吸声材料。

✳ 小贴士
TIPS 如何避免室内装修污染的问题（二）

施工要求

在施工要求方面，要严禁使用苯、甲苯、二甲苯和汽油进行大面积除油和清除旧油漆的作业。另外，住宅装饰装修中所用的稀释剂和溶剂不得使用苯（包括工业苯、石油苯、重质苯，不包括甲苯、二甲苯）。涂料、胶黏剂、处理剂、稀释剂等溶剂使用后，应及时密封存放，废料应及时清出室内，严禁在室内用溶剂清洗施工用具。进行人造木板拼接时，除芯板为E1级外，断面及边缘应进行密封处理。

加强室内通风非常关键，室内的几大主要污染物质通过加强通风都可以大量清除。装修好的居室不能马上入住，要尽量通风散味，做好空气净化工作。但是，不能打开所有的门窗进行通风，因为这样对刚刚涂刷完毕的墙面及顶棚漆不利，快速风干的墙漆，容易出现裂纹。

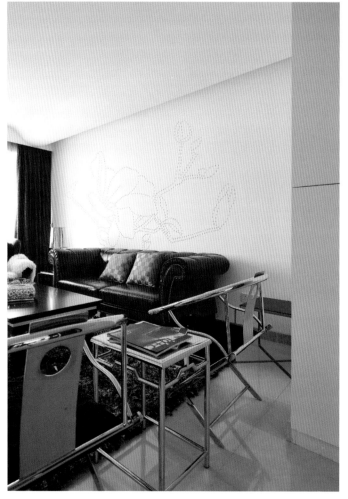

❋ 小贴士
TIPS 布艺窗帘如何清洗（一）

窗帘不用经常清洗，以免破坏窗帘本身的质感，半年左右清洗一次即可。清洗时绝不能用漂白剂，要自然风干，也不要脱水和烘干。普通布料的窗帘可用湿布擦洗，易缩水的面料应尽量干洗。帆布窗帘最好用海绵蘸些温水或肥皂溶液擦拭，待晾干后收起。天鹅绒窗帘清洗时应先把窗帘浸泡在中性清洁液中，用手轻压，洗净后放在架子上，使水自然滴干，这样会使窗帘清洁如新。如发现线头松脱，不可用手扯断，应用剪刀整齐剪平。所有窗纱洗涤干净后可以用牛奶浸泡1h，再洗净自然风干，牛奶浸泡后的纱帘颜色会更加鲜艳。

✳ 小贴士
TIPS 布艺窗帘如何清洗（二）

有些软装饰的窗帘布因材质特殊或编织方式比较特殊，一定要送干洗，切勿水洗，以免布料损坏或变形。若窗帘上有软装饰品，如丝穗或吊穗于窗帘布旁边，最好也干洗或手洗，绝不能机洗。静电植绒布制成的窗帘（遮光面料），只需用棉纱布蘸上酒精或汽油轻轻地擦一下就行了，不能用力拧绞绒布，以免绒毛脱落，影响美观。对于目前家庭使用较多的卷帘或软性成品帘，则可用抹布蘸些用温水溶开的洗涤剂或少许氨溶液擦拭即可。

✳ 小贴士
TIPS 布艺窗帘如何清洗（三）

帷幔、花边等在清洗时可先以清水将其浸湿，再用加入苏打的温水浸泡，最后用洗衣粉水或肥皂水洗涤。软装饰窗纱不要用机洗，特别是像纱幔这样比较薄的窗帘，直接用温水和洗衣粉的溶液或者肥皂水洗两次就行了。卷帘或软性成品帘，则可用抹布蘸些用温水溶开的洗涤剂或少许氨溶液擦拭。有的窗帘有些部位是用胶来黏合的，要注意不要进水，较高档的成品帘可以防水，就不必担心这一点。滚轴窗帘在清洗时，需先将脏了的滚轴窗帘拉下铺平，再用软布擦拭。由于滚轴的中间通常是空的，可用一根长棍，一端系着抹布伸进去不停地转动，除去灰尘。

✳ 小贴士
TIPS 板式家具的特点

板式家具，一般是用合成板材来制作的，相对来说，价格很便宜。设计的款式简约时尚，看起来相当的大方得体。一般板式家具都配有钢化玻璃，玻璃的质感和重量感，还有玻璃与漆面颜色的对比，让家具本身呈现出一丝豪华与尊贵。漆面的印花，样式多变，种类繁多。板式家具一般都是组装的，出厂包装都是长方体，方便运输，这是与其他家具相比的一大优点。但板式家具由于使用的是合成板材，开始使用的时候可能会有一点味道，这是板式家具的缺点，但总的来说，板式家具还是利大于弊的。

❋ 小贴士
TIPS 精装房的验收流程

1. 先看整体外观　业主验房时第一步就要对装修完的房子的整体外观进行检查，查看墙面、地面的平整度；房门是否平整，有无变形；墙砖、地砖有无破损。

2. 房屋的安全性也需要仔细检查　水、电的安装一点都不能马虎，业主要逐一查验每个插座是否有电；电话、宽带是否畅通；空调的插座和排水孔是否已经安装妥当；检查水管的上下接口是否密闭。最重要的是一定要向开发商或是物业索要一份电路布线图，以方便日后的维修。

3. 检查所有的外窗是否封锁　检查的方法有两种：一种是用肉眼观察，看是否有缝隙；另一种是仔细查看所有接缝处，看是否都已经打了玻璃胶。

4. 签署室内装修部门的保修协议　一般来说精装修房业主与开发商之间都会有一份保修协议，上面列举了精装修房的保修项目和年限等内容，有时需要业主主动询问并索取，保修协议一定要保留妥当，避免日后维修麻烦。

✳ 小贴士
TIPS 居室装修色彩设计的九大原则（一）

第一条 空间配色一般不会超过三种（黑色、白色不包括其中）。

第二条 金色、银色可以与任何颜色相搭配（其中，金色不是指黄色，银色不是指灰白色）。

第三条 在没有设计师指导的情况下，家居最佳的配色方法是墙面和顶面最浅，家具的颜色次之，地面颜色最重。

第四条 厨房不要使用暖色调，但黄色色系除外。

第五条 深绿色的地砖一般不要用在家居空间中。

第六条 坚决不要把材质不同但色系相同的材料放在一起，这样起不到任何的对比作用。

✳ 小贴士
TIPS 居室装修色彩设计的九大原则（二）

第七条 想制造色调明快的现代家居氛围，就要尽量选择明快亮丽的墙面材料。

第八条 顶棚的颜色必须浅于墙面，或与墙面同色。当墙面的颜色为深色时，顶棚必须采用浅色。顶棚的色系只能是白色或与墙面同色系。

✳ 小贴士
TIPS 居室装修色彩设计的九大原则（三）

第九条 开敞式的空间必须使用同一配色方案。不同的封闭空间，可以使用不同的配色方案。在大多数的室内设计中，人们都会将颜色限制在三种之内，当然这不是绝对的。由于专业的室内设计师熟悉更深层次的色彩搭配原理，用色可能会超出三种，所以，需要找专业的室内设计师来指导。

✳ 小贴士
TIPS 教您选择家庭装修的三大基础材料（一）

水泥、防水涂料和大芯板是家庭装修的三大基础材料，对装修质量的影响也很大。因此，选择质量有保障且价格合适的材料很重要。

一. 选择水泥的注意事项

1. 看时间 看清水泥的生产日期。超过有效期30天的水泥在性能上有所下降。储存三个月后的水泥的强度降低10%~20%，六个月后降低15%~30%，一年后降低25%~40%。比较优质的水泥，6h以上能够凝固，而超过12h仍不能凝固的水泥质量就不好。

✳ 小贴士
TIPS 教您选择家庭装修的三大基础材料（二）

2. 看水泥的纸袋包装是否完好，标志信息是否完整 纸袋上的标志有：水泥名称，注册商标，生产许可证编号，标号，工厂名称，品种（包括品种代号），包装年、月、日和编号。

3. 捻 用手指捻水泥粉，感到有少许细、砂、粉的感觉，表明水泥细度正常。

4. 看色泽 观察色泽是否为深灰色或深绿色，色泽发黄、发白（发黄说明熟料是生烧料，发白说明矿渣掺量过多）的水泥强度比较低。

✳ 小贴士
TIPS 教您选择家庭装修的三大基础材料（三）

二. 选择防水涂料的注意事项

防水涂料在家装中的重要性毋庸置疑，但如何选择呢？防水应用专家建议在购买防水涂料时，除了要选择相对知名的品牌外，还要注意其中的原料成分，如目前防水性能较好的涂料通常应含有"有机硅改性丙烯酸"，还有的采用"核壳"技术，更好的里面还含有"有机氟"，这些产品质量应该都是过硬的。购买质量较好的防水涂料可以从以下几个方面入手。

1. 沉淀分层 在购买防水涂料时，先不要摇动产品，可先打开盖子看一下。如果防水涂料上面浮有一层透明的水质或似水的物体，有轻微沉淀的属正常现象，如存放较久，出现严重沉淀分层的，则大部分是伪劣产品。

✳ 小贴士
TIPS 教您选择家庭装修的三大基础材料（四）

2. 气味　优质的防水涂料气味是很小的，伪劣产品一般含有高VOC化学助剂和甲醛等有害物质，会有刺鼻或难闻的气味。

3. 外观　表面为乳白色的均匀乳液，在按1：0.6~0.8的比例加入普通水泥成膜后颜色呈黑色，表面应平整、结实、光滑、无裂痕。优质的防水涂料在不加入其他东西时，干后是透明的，白色的或者是其他的颜色的都属于不合格产品。

4. 断裂伸长力（即弹性）　防水涂膜弹性的好坏是决定防水涂料质量的因素之一。可以用所购买的防水涂料做个简单的小实验，就知道您所购买的防水涂料质量的好坏。防水涂料1份加上普通水泥0.8份混合，然后将之搅拌均匀，涂刷在玻璃或有光滑面的物品上，等待防水涂层干了后，取下涂膜，用双手对拉，优质的防水涂料涂膜的弹性能拉到2倍以上的长度，劣质产品基本没有弹性，一拉就断裂。

※ 小贴士
TIPS 教您选择家庭装修的三大基础材料（五）

三. 选择大芯板的注意事项

大芯板就是平常所说的细木工板，是由两片单板中间黏压拼接木板而成，是装修中最主要的材料之一。大芯板的中间是用天然木条黏合而成的芯，两面粘上很薄的木皮，可做家具、木门及门套、暖气罩、窗帘盒等，其防水防潮性能优于刨花板和中密度板。

在挑选大芯板时，重点要看内部的木材，内部木材不宜过碎，木材之间的缝隙以3mm左右为宜。许多消费者选择大芯板的时候，一看重量，二看价格。这是不可取的，因为重量超出正常的大芯板，有可能中间使用了杂木。而杂木拼成的大芯板，钉子钉不进去，使用起来非常困难。家庭装修中使用E1级产品比较合适。E2级大芯板甲醛含量可能要超过E1级大芯板3倍多，所以绝对不能用于家庭装饰装修。

※ 小贴士
TIPS 购房者参观样板房要注意的问题（一）

现在房地产商为了吸引客户的注意，在打造精装样板房上可谓是下足了功夫。但有些房地产商为了商业化的利益，只注重软装饰的运用，而没有注重实用性。所以作为购房者在参观样板房时也要注意，不能盲目地只看其表面的美观而忽略实质。

✳ 小贴士
TIPS 购房者参观样板房要注意的问题（二）

1. 注意观察样板房内家具的实际尺寸

参观样板房时不要被里面眼花缭乱的"迷你家具"装饰所迷惑。很多消费者会有这种感受，样板间内原有的每个家具、每件软装饰都很恰如其分，可是当购房者摆入自己选购的家具时，却发现空间突然变得拥挤起来。这是因为一些开发商会在样板房里面放上一些特制家具。比如很多房间内衣柜的厚度只有30多厘米，而正常衣柜厚度一般不能少于45cm；双人床只有1.35m宽，1.9m长，而正常的双人床要达1.5m宽，2.1m长。因此，在参观样板房的时候，不要只注重外观所带来的视觉美感，要注意家具的尺寸是否符合市场的规格。

✳ 小贴士
TIPS 购房者参观样板房要注意的问题（三）

2. 参观时要注意样板房的比例

参观样板房的时候要注意看一下样板房的尺寸比例是不是1：1。专家建议您在参观时可带一个小米尺丈量一下，或以房间内长、宽方向的地砖数量折算一下房屋的面积，要问清房子的使用率是多少。不同的楼型、不同的户型在使用率上都会有差异。同样的面积，使用率高的住房才划算。样板房让购房人看到的只是住房的套内面积，而电梯、公用走廊、楼梯部分有多大却往往被人们忽略，因此参观样板房时也要注意一下这几部分的设计是不是合理。

✳ 小贴士
TIPS 购房者参观样板房要注意的问题（四）

3. 购房要考虑长远

一般情况下，出于展现软装饰设计效果的考虑，样板间一般不会设置水、煤气、暖气等管道线路，样板房的居室，尤其是厨房、卫生间就显得十分敞亮。样板房里不用考虑上、下水，因此，房间里也不会出现粗大的下水管和暖气管线，空调也是摆设，用不着穿墙破洞。而当消费者真的拿到现房进行装修时，就必须要面对这些问题，因此，在参观时一定要站在现房而不是样板房的角度去考虑是不是要购买。

✳ 小贴士
TIPS 室内摆放花卉要注意什么（一）

1. 室内摆放的花卉，要根据房间大小、采光条件及个人喜好来选择　一般来说，房间大而且朝阳的，可选择枝叶垂顺的金橘、山茶花、海棠花等，可将其直接摆在地上，或置于书架之上；若房间不大，则室内花卉宜摆放少一些，以2~3盆为宜，并选用株型小巧玲珑的。在书房内放置1~2盆花卉，如水仙或仙人球等，卧室可以用米兰花和茉莉花进行点缀。

❋ 小贴士
[TIPS] **室内摆放花卉要注意什么（二）**

2. 居室内摆放花卉，要有益健康　最好能摆放吸收二氧化碳、净化空气的花卉。居室摆放花卉，要主次分明，遵循
　　"巧、少、精"的原则。如房间中央的桌面、茶几上，宜摆放增添生活情趣的花卉；书房写字台，宜摆放略显宁静
　　的小型盆花。花卉的摆设可分为点缀式、自然式、悬挂式三种。点缀式是把盆花陈设于窗台、书桌、茶几上，若配
　　上考究的花盆或花瓶会更好。自然式是将室外自然景观与室内摆设有机结合，如将金银花、葡萄等藤本花卉摆放在
　　阳台或窗台前，与室外自然景观相融合。悬挂式则选择放置于书房、走廊等处，悬挂清雅的垂吊式盆草花卉等。